KEIZO
KURODA

日本顶级化妆师
黑田启藏的
星级美妆术

（日）黑田启藏 著　卞磊 译

辽宁科学技术出版社
·沈阳·

序言
Prologue

至今为止，我给很多时尚模特、艺术家和影视明星化过妆，

随着时间的推移，

自己深刻地体会到，是女性缔造了这个炫丽多姿的世界。

化妆可以将女性的活力和魅力进一步充分地展现出来，

化妆能唤醒女性原有的生命力，

这个说法丝毫不为过。

这个说法适合所有女性，也同样适合正在阅读本书的你。

是不是在不知不觉中，化妆变得敷衍了事，妆容变得千篇一律？

缺乏变化的化妆手法是没有任何意义的。

请一定要细心仔细地打好底妆，尤其是处理好嘴角和眼角等局部肌肤，

请试着激活她们的生命力。

如果你认真参考本书，我保证你能获得明星般的美丽。

KEIZO
KURODA

日本顶级化妆师
黑田启藏 的
星级美妆术

Star
make
up

目录
Contents

4

第2章 唤醒沉睡肌肤的按摩术

第3章 深度探寻黑田化妆术的秘诀

使你变成过去那个年轻的自己，这就是"星级美妆术"。
其关键是"轮廓""色彩""光"三大要素的运用。
君岛十和子小姐一直被公认为具有与众不同的魅力，
这三个要素在她身上体现得淋漓尽致。

第1章

依靠"轮廓""色彩""光"释放灵气的星级美妆术

特邀模特 君岛十和子

Model
Towako
Kimijima

君岛十和子
曾作为模特、演员活跃在舞台，后结婚隐退。在相夫教子的同时，还参与FELICE TOWAKO公司的设计工作，有很多粉丝被她追求美的热情所感染，以她为偶像。

星级美妆术的关键之一

parts

轮廓

眼线、眉形能够突出面部轮廓，这些部位要着重下功夫。

黑田派"星级美妆术"的关键之一是"强调轮廓"，

十和子小姐体验的就是这一点。

具体说，不要用太多的色彩，仔细地描绘眼线、眉形，

突出嘴巴和眼睛的轮廓感，淡化肌肤问题。

十和子小姐端庄的面庞棱角分明，因为没有用什么色彩，也可以叫做"裸妆"。

十和子
小姐的蜜语

1

"看起来简直不可思议！我对着镜子吃了一惊，觉得只是看着自己就美得足以让人心跳不已。这次强调了三个环节，就使自己看起来和以往不大相同，变得狂野又性感。这样的自己真让人着迷！因为是用褐色做基础色，所以给人以安全感，仅仅靠一种褐色就能把整个人变得如此华丽，我真是太吃惊啦！"

如何化出轮廓清晰的妆容

eye
眼睛
要巧妙地利用高光粉
和眼线。

lip
嘴唇
突出唇部轮廓
后，再涂上唇彩

首先，用眼线液勾勒出眼部轮廓，接着用加了珍珠粉的眼线笔加以强调。使眼睑和眼睛的下部明亮通透，需大面积使用高光粉打亮。

选择茶色系的眼影，只用一种未免太过单调，用两种眼影混合涂在眼睑上，再化上睫毛膏，眼妆就完成了。

首先，在上嘴唇的最高处涂上高光粉，这样能够集中光线，在视觉上掩盖了周围的小缺点。然后用唇线笔，强调出嘴唇的外围轮廓，这样充满立体感的嘴唇就凸显出来了。

我们的目的是，化出局部清晰的轮廓，突出脸部的华丽感。

眼线笔、睫毛膏、唇线笔等突出线条的化妆品是我们"星级美妆术"不可缺少的法宝。正确地使用这些工具，能使面部的轮廓一下子凸显出来。灵活使用不同深度的茶色眼影，注意不要用量过多，同时用眼线液、眼线笔突出眼睛外围轮廓。再用大号的卷发器把头发卷出大波浪，在发根处将头发逆向梳理以突出厚重感和蓬松感。

1. LISSAGE 侧影 2. M.A.C
眼影（加入珍珠粉，能起
到高光的效果。）3.井田
LABORATORIES眼线液（可
以描绘出柔和心境） 4.
FEREECHETOWACO唇膏 5.
KANEBO眉笔（能够画出清晰眉
毛）6.HELENANCBINSTRIN
（腮红使腮部粉嫩如霞）7.
HELENANCBINSTRIN眼影
（含有两种明快的颜色）8.
KANEBO眼影适合所有人的颜
色 9. COSME DECORATE高
光（黑田先生定制产品）10.
BOURJOIS 唇笔（含粉色和米
色）11.BOURJOIS高光 12.
资生堂眼线笔（本品质地柔软
适合眼部肌肤）13.LISSAGE
眼线笔 14.LISSAGE睫毛膏
15.LISSAGE睫毛增长纤维

color

色彩

依靠色彩的魅力，运用"成熟的红色"瞬间改变整体印象

分明的暗色调轮廓和大胆的红色同时使用，是成熟女性的特权。

但是，不得不承认，随着年龄的增长，我们在许多颜色的使用上失去了勇气。

这里要介绍的是"星级美妆术"的小窍门，运用"颜色的魅力"。

平时不敢穿的颜色瞬间变成了自己身体的一部分，

十和子小姐散发出成熟女性的诱人魅力。

十和子
小姐的蜜语

"性感妖娆，虽然已是熟女，却多了一分调皮……看着镜子，不禁惊叹道：这是谁？觉得离真实的自己很遥远。鲜红色的礼服，平时我是没有勇气穿的，因为实在是太鲜艳了。而现在，从化妆到礼服都结合成一体，红色发挥着特殊的效果，让我觉得自己宛如电影里的女星。"

How to *color* *Make-up*
如何用色彩装扮自己

eye 眼睛
淡淡的紫色系眼影给人以性感妩媚的印象

lip 嘴唇
用红色做基调，以唇部线条来突出妖娆感

不仔细看，看不出眼睑上涂了淡淡的紫色眼影。即使这么淡，也是使用了两种浓度的眼影。先把一只眼睛画好，再把另一只眼睛画到相同的程度。

上下睫毛都要涂，一般只要把睫毛膏涂得满满的就可以了。把睫毛的基础工作做好，就能使眼妆保持得更久。

使用和口红颜色相近的唇线笔仔细勾勒唇部轮廓，接着涂满口红。涂鲜艳的颜色时，尽量用唇刷，避免涂得不均匀。

鲜艳的红色造就了一个截然不同的自己

大家一般喜欢穿安全色。在想挑战一下平时不穿的颜色时，才会想起鲜红色。这次化妆所不同的只是口红的颜色，但是整体印象却发生了很大改变，这与"星级美妆术"是相通的。红色如果运用得过多，很容易过于凸显，适当地运用，能化出让人心跳的妆效。这是熟女的一次冒险，也是唤起沉睡魅力的一次尝试。

1.花王眼影02号（混合了粉色和绿色）　2.花王眼影03号　3.香奈儿眉粉（含有三种颜色）　4.KANEBO高光　5.KANEBO睫毛膏　6.迪奥眼线笔（细小笔尖适合较小的弧度）　7.兰蔻眼线笔（质地柔软使用简便）　8.妮维雅棒状腮红　9.CLINIQUE眼影　10.COSMETICS睫毛增长纤维　11.M.A.C唇线笔　12.SONIA RYKIEL眉笔（纤细易于使用）　13.COSMETICS口红（限量版已脱销）　14.M.A.C蜜粉

星级美妆术的关键之三

light 光

把光作为伙伴，利用阴影增添魅力的裸妆

只有黑和白的"光的世界"。

"星级美妆术"能够操纵光和影，在面部添加阴影，

使之显得轮廓清晰。在这里，我们把色彩降到最低，专门挑战"光的世界"。

与平时的装扮发生180°大转变的中性造型，

给裸妆平添了几分华丽。

"真是觉得意外，最接近自己内心的居然是这个裸妆。"把女性
的优雅外表和男性的干练性格完美地结合在一起。"这个中性的
化妆手法使我整个人显得干练，化妆真是有着不可思议的奥秘，
连人的心境都改变了。"

十和子
小姐的蜜语
3

How to light Make-up

如何用光扮靓妆

eye 眼睛
使用暗色系眼影塑造
深邃眼神

lip 嘴唇
用唇线笔和唇彩
打造高品质唇妆

眼线不仅要在上眼睑画，下眼睑睫毛内侧也要画，并且要多画几遍，然后把整个下眼睑涂上茶色眼影，以增加眼神的深邃感。

用银色系和棕色系的眼影打造深邃眼神，高光粉涂在眉毛周围以强调光的效果，腮红要选择贴近肌肤的颜色。

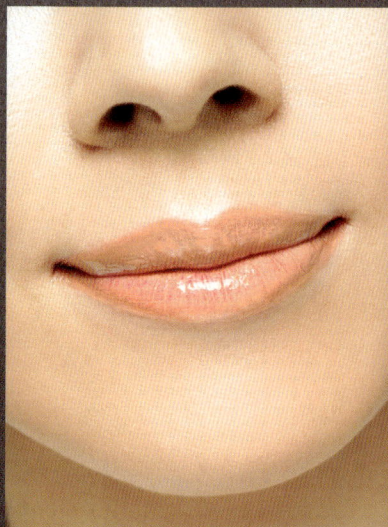

用米色系的唇线笔突出唇部轮廓，再涂上接近唇色的粉色口红，最后涂上唇彩增加光泽感，注意不要过于凸显。

打造精品的中性美

对于一直惧怕打破常规的朋友，星级美妆术的第一步就是帮你选择一个常规的妆容。不用什么奇特的颜色，而是在眉毛等细节之处仔细涂上高光，使用非常常规的颜色，显现出阴影。这样，不论从哪个角度看，脸部都充满立体感，肌肤问题全部消失，脸型也变成V字形，最后把头发盘到脑后，凸显清爽干练的中性美。

1.花王眼影02号（混合了粉色和绿色色系） 2.KESALANPATHARAN眼线笔（可以代替高光使用） 3.CLINIQUE眉笔（可以代替高光使用） 4.SHU UEMURA唇线笔949（贴近嘴唇最自然的颜色） 5.兰蔻睫毛增长纤维（使睫毛的每一根都能有效增长） 6.FELICE TOWAKO唇彩 7.资生堂睫毛膏（BK-999） 8.HELENANCBINSTEIN 侧影04号（非常自然的侧影） 9.伊势丹眼影2号（温和的暖色调） 10.高丝眼影C-3（掩盖千篇一律的感觉） 11.高丝眼影BR01（调色板形状的眼影用起来非常有条理） 12.高丝眼影（SV057） 13.KANEBO眼线笔（BK-1） 14.M.A.C口红（棒状口红）15.BOBBI BROWN高光眼影（两用）

永远不要放弃好奇心和探索心
黑田启藏与君岛十和子的美丽座谈

选择了平时想都不敢想的颜色和风格，让我觉得自己似乎变了个人，心里好紧张呀。

因为关于美的态度是相同的，所以两个人非常有默契

以前二人曾在杂志座谈会上见过面，这次是第二次交流化妆方面的感受了。"以'星级美妆术'为题，十和子小姐想到了什么？"黑田先生首先提出了一个问题。

十和子小姐称黑田先生为"老师"，她非常信赖地说："如果能早点遇到有如此精湛的化妆技巧的黑田老师，或许我现在还在做演员。"

并且，"平时自己化妆的时候，很难做到客观。眉毛的粗细，眼线的合适度都很难把握，非常容易拘泥于细节，所以这次一定要向黑田老师学习一些化妆技巧。"

黑田 与十和子小姐接触后，我觉得她是个能把活力传递给别人的人。她传递给我的是她无限的青春与活力，这一切都是真正来自内心的能量，但在外表上也能表现出来。十和子小姐平时非常注意保养皮肤，素颜时皮肤非常好。在我给她打底妆的时候，不禁让我联想起："她平时都吃些什么来保养肌肤呢？"

十和子 我还是喜欢化妆的，虽然退出演艺圈之后结婚生子，但是孩子睡着的时候还是有些空闲的。中午过后，一边准备晚饭一边给头发打卷。（笑）因为工作的原因，丈夫经常会和

Keizo
& Towako
Beauty Talk

素颜仿佛是只属于大学，而十和子小姐素颜也非常漂亮。所以不管怎么设计都没有问题。

年轻的模特接触，"自己可不能变成个黄脸婆呀！"常会有这样的危机感。

黑田 现在您一定很忙吧，料理家务、照顾孩子，还要工作，我很想知道，您是怎么在这么忙碌的情况下还能始终保持美丽的呢？

十和子 一句话，就是统筹安排吧。无论多么忙，细小的时间还是有的，要有效地利用这些时间。现在两个女儿都上小学了，我变得轻松多了。工作上，如果不是很急，我会找机会偷个懒。"这个工作不能拖，必须开始做了"，这个时候我会产生巨大的爆发力。

黑田 我也是这样的，打底妆按摩也是我在这种状况下产生的灵感。

"化妆是完全属于女性的特权，同样也是一种乐趣。能够实现女性变身的愿望"（十和子）

黑田 您对今天的三种变身感觉怎么样？

十和子 我很震惊自己会有这样大的变化！简直变得不像自己了，真是太不可思议了。从化妆过程中的小窍门到最终的妆效，整个过程都给了我不小的刺激。

黑田 这可以说就是化妆的强大魔力也是其魅力所在吧，这一点，女性是可以用自己的身

21

Keizo & Towako
Beauty Talk

体感受到的。

十和子 我认为化妆品可谓是成熟女性的玩伴。无论是欣赏化妆品的包装、内部质感，还是使用它们的时候，都能给女性带来很多快乐。举个例子，买一支口红可以让我变得很幸福，而且比礼服、手提包要相对便宜，所以我一有时间就经常围着商场的化妆品专柜转。（笑）

黑田 不论年纪多大，平时注意搜集适合自己的化妆产品都是非常有用的。在研究自己的脸型、肌肤适合什么化妆品的同时，化妆的技术也不断地提高了。因为已经不是二十几岁了，我们的年龄无法阻止地在脸上显现出来。所以很有必要提高自身的内在美。如果能提高内在涵养，也是一种美丽的表现。

十和子 我总是在不知不觉中化相同的妆，有什么方法避免吗？

黑田 用自己的双手化出最适合自己的妆是非常重要的。要想提高自己的化妆技巧，需要买些新的化妆产品进行研究。比如买新的眼影、质感不同的粉底研究一下涂抹的方法。新的化妆品多用几次才能变成自己的东西。化妆品也才能逐渐极尽其完美的特性了。

保持好奇心和感恩的心是非常重要的

十和子 是什么激发了您化妆的灵感？

黑田 我经常翻阅国外的杂志，如果有喜欢的部分就剪下来。灵感来的时候仿佛是火焰在

大脑里燃烧。当然，人和人的方法是不可能都一样的。

十和子　也就是说，日常生活中，您随时都在留意，接受来自各方面的信息？

黑田　是的。我主张广泛地涉猎各方面的信息，不一定要了解得多么深刻。（笑）这样做总会得到什么启示和灵感的。

十和子　今天能让您给我化妆，我觉得非常荣幸。

黑田　这么说为时过早哦。（笑）

十和子　您平时有非常注意的事情吗？

黑田　我觉得要保持对未知技巧的好奇心。如果觉得这个工作不过如此，不能够真诚地问客人："您觉得这样好吗？"这就意味着自己的技术很难再提高了。不要有什么奇怪的自尊心。如果执着于老套的化妆方式，那化出来的妆效也是过时的。还有就是不能忘记感谢。不管是对谁，一定要保持一颗感恩的心，感谢她来让我化妆。

Star
make
up

Massage

"星级美妆术"最重要的是对素颜的塑造。

听起来虽然是简单的程序，但效果却非常显著。

试着体验"按摩底妆"唤醒肌肤的感觉吧。

请参照DVD中的课程来亲自体验一下。

第2章

唤醒沉睡肌肤的按摩术

尽显成熟女性之美的重要步骤

星级美妆术的10条秘诀

"星级美妆术"其实并没有什么特别难的技巧。认真地修整每一寸肌肤，塑造出面部每一部分的立体感，凸显轮廓的美。达到了这个效果，整个面部也就能充满活力了。

1

在打底妆的时候
为肌肤注入鲜活感

为了使皮肤具有鲜活清透的感觉，在涂粉底之前要做好打底妆的工作。首先，一边按摩一边涂抹打底所需的化妆品，这样可以把粉底的用量降到最低。

2

依靠粉底的光反射
提高肌肤质感

在打底妆的部分，粉底液是不可缺少的。使用少量的粉底液，一边按摩一边均匀涂于整个面部。注意鼻翼两侧、嘴角细小的地方也要涂到，平日很显眼的皱纹、暗沉都变得不再明显了。

3

用尽量少的蜜粉
提高肌肤的紧致度

想要打造出完美的妆效，就一定要巧妙地利用蜜粉打底妆。但是注意不要使用过量，否则容易破坏底妆的效果。在星级美妆术中，两颊处也要照顾到。

4

利用侧影对比使面
部瞬间变小

为了使整个面部看起来变小，利用侧影打造立体感，明暗对比是必须掌握的一部分。在这一步要给人下巴收紧的感觉，脸瞬间变小，整个人看起来年轻了许多。

5

腮红、高光粉、侧
影三位一体

在一些必要的场合，需要同时使用以上三种工具来聚集光线，隐藏起不愿意被人发现的线条。整个脸部都显得凹凸有致。虽然没有浓重的妆效痕迹，但不知不觉中已经达到了美妆的效果。

6

三重眼线使眼睛大而有神

在眼睑的内侧和外侧、睫毛根部以及眉线处仔细地画三遍眼线，可能会有少许不顺滑感。然后在此之上涂上眼影、睫毛膏就可以了。涂了眼线的眼睛要比之前大而有神了许多。

7

不要刻意上挑外眼角

用眼线上挑外眼角的做法虽然不错，但是容易给人眼角紧绷的感觉。其实不用刻意地上挑外眼角，保持其最自然的状态可以给人亲切、稳重可靠的感觉，当然，成熟女性的魅力也随之提升了。

8

用睫毛膏增强眼睛的立体感

在化妆的过程中，唯一能增强眼睛立体感的就是睫毛膏。用睫毛膏打好基础底妆，然后再把眼妆化得精致迷人，这样不但能吸引人的视线，还可以使其他瑕疵部位不再凸显。

9

用眉毛凸显富有生命力的妆容

不要用特别黯淡的颜色，选择颜色自然的眉笔和眉粉画出流畅的眉线，凸显富有立体感的眉形。先画下眉线，再画上眉线，最后把整个眉毛涂满。

10

用高光粉凸显色泽黯淡的嘴角

正确地使用高光粉可以借助光的力量使唇部显得丰满而柔软。首先，用唇线笔涂满整个唇部，消除黯淡的唇色。在此基础上再涂上其他颜色的唇彩，能够使光艳年轻的唇妆更持久。

把握以上10条秘
诀，"星级美妆
术"的效果就能够
得到充分的发挥。

消除肌肤烦恼

星级美妆术的底妆按摩步骤

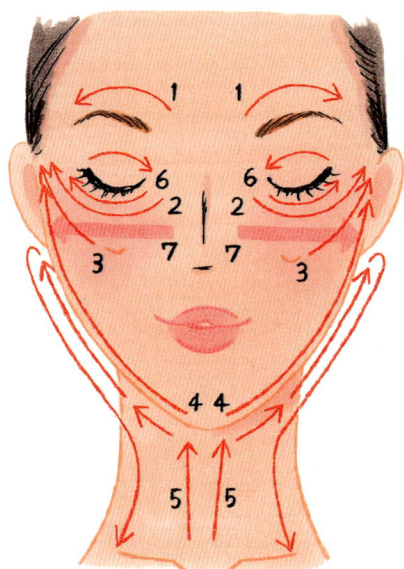

4 从下颌到太阳穴

1 整个前额

5 从颈部到肩部

2 从眼睛下部到太阳穴

6 眼部周围

3 从颧骨到太阳穴

7 整个面部

收紧面部轮廓的按摩术

在打底妆的过程中，自己的双手是打造完美肌肤的强大武器。黑田化妆术的重要特征是在涂乳霜、隔离霜、粉底液的同时给肌肤做按摩。早晨起床的时候，淋巴流阻塞，边按摩边化妆能够促进血液循环，使化妆效果更好，肌肤更具活力，轮廓更加鲜明！借助按摩的效果，只需要少量遮瑕笔和高光粉就能使肌肤变得光滑美丽。

按摩的全过程

保湿护理

清洗面部之后，用面膜给肌肤做护理，并附上保鲜膜增加保湿效果。注意要保持眼睛、鼻子、嘴巴的透气性，然后等待1分钟。之后擦掉残留在面部的乳液，并涂上化妆水和乳霜。

面膜+保鲜膜

使用的化妆品

mpress
精华浓缩面膜
KANEBO
本面膜针对综合性肌肤问题，对于受损肌肤有着强大的修复功能。

SK-II
面膜因子
含有SK-II独家研制的营养因子，能提高肌肤紧致度，用完后肌肤质感会有很大提高。

Jino氨基酸营养面膜（片状面膜，含有丰富的美容液）
含有23种氨基酸，能够修复受损细胞，该面膜可以紧致每一寸面部肌肤。

按摩

乳霜按摩

在打底妆的按摩步骤中，第1步是从乳霜按摩开始的。请选择气味柔和的产品，使其充分滋润肌肤，调整肌肤纹理。按摩手法参照P30的步骤1~7，按摩3遍。

1 2 3 4
5 6 7

隔离霜按摩

隔离霜可以改善肌肤暗沉，使之光彩照人，是化妆过程中必不可少的环节。步骤1~7的按摩手法中除了第5步，其他步骤重复3遍。

1 2 3 4
6 7

粉底液按摩

使用粉底液可以使干燥的肌肤变得紧致美丽，暗沉的肤色和细纹全部消失。除了第5步，请按照步骤1~7按摩3遍。

1 2 3 4
6 7

润色

底妆的润色

涂完粉底液后再涂上腮红、高光粉，这样打底妆就完成了。在本书的P42~46会详细说明最后润色过程，请仔细阅读后，亲手化出上品妆容。

8
粉扑

9
遮瑕膏

10
蜜粉

11
侧影

12
腮红

13
高光粉

乳霜按摩

给沉睡的肌肤以刺激和保湿护理

做完P31的肌肤护理后，或者在用完化妆水和乳液之后，在面部涂上乳霜，从前额开始，用指尖按摩。改善血液循环并促进肌肤对营养的吸收。然后再涂上隔离霜和粉底液，打造出细致肌肤。

乳霜的用量如下图所示

乳霜用量如樱桃大小，双手轻轻调匀，使其被肌肤充分吸收。

1 整个前额 从眉间开始

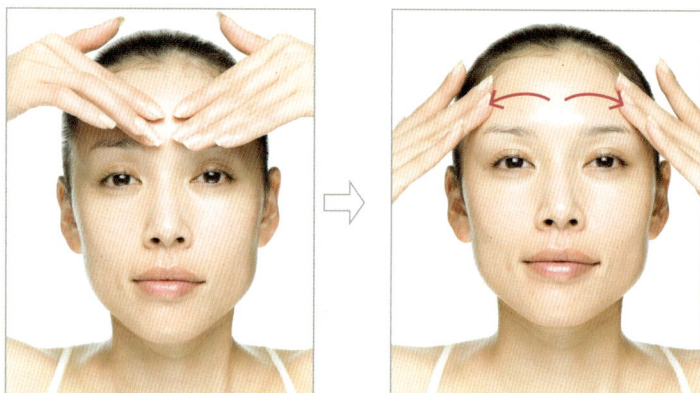

做整个前额的按摩，从眉间开始，用指腹向额头中间画弧，可以加大手指力度。

2 从眼睛下部到太阳穴 这一步力度不要太大

指尖从内眼角开始向外移动到太阳穴，关键是向上拉紧外眼角的肌肤，因为眼部肌肤娇嫩，所以力度不能过大。

乳霜系列产品

使用的化妆品

VALMONT乳霜
产于瑞士的乳霜，独特配方能够增加肌肤的含氧量和光泽。

AQ乳霜
乳霜中的植物精华可以激活肌肤细胞，增强肌肤的紧致感和弹性。

3 从颧骨到太阳穴   这一步是塑造面部立体感的关键

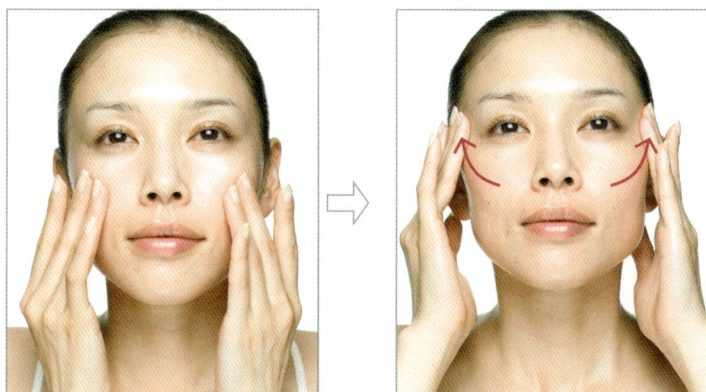

与步骤2的要领相同，从颧骨开始一直按摩到太阳穴。这一步可以用力按摩肌肤，直至太阳穴。

4 从下颌到太阳穴   拉紧松弛的面部线条

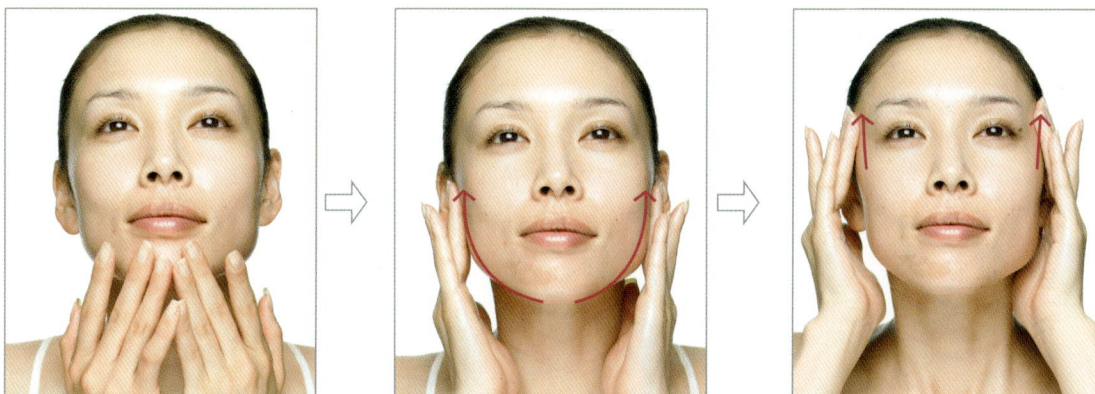

这次从下颌开始，打通耳朵下方的淋巴一直到达太阳穴。这一步有整合骨骼、缩小面部轮廓的作用。力度可以适当加大。

AMOREPACIFIC 乳霜
（适合面部和颈部）
随着年龄的增长肌肤越来越缺乏弹力，本款乳霜能够激活老化细胞，使肌肤柔嫩细腻。

SK-II乳霜
富含精华液的乳霜
含有特制精华因子和保湿因子的乳霜，可以改善肌肤干燥的问题。

5 从颈部到肩部 消除颈部细纹使肌肤更有光泽

双手放在下颌下方，用指尖到第二关节的部分从下至上沿着颈部的肌肤纹理移动双手。

抬高双肘，使手指沿着骨骼轮廓放在下颚下方。

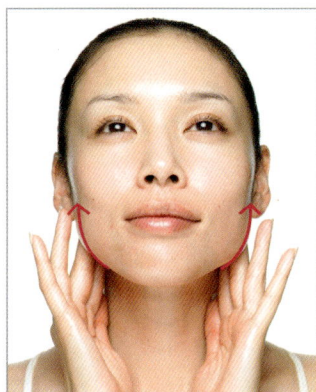

放下手腕，指尖从颈部到耳下腺来回移动，用力按压。

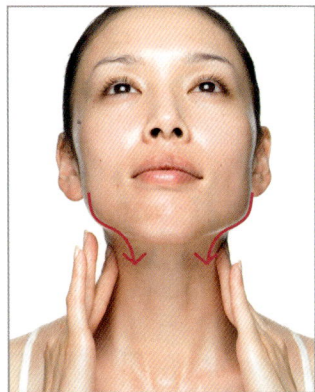

沿颈部到耳后淋巴的按摩可以使淋巴液流通顺畅，按照上述步骤的路径再回到颈部。

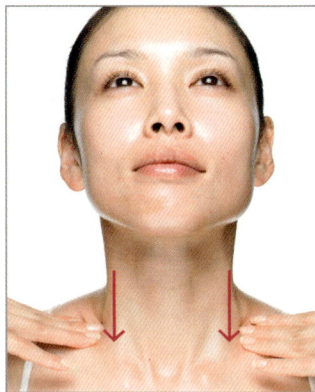

通过颈部到达锁骨位置，力度稍微大一些也没有关系。

6 眼部周围 仔细按摩细小部位

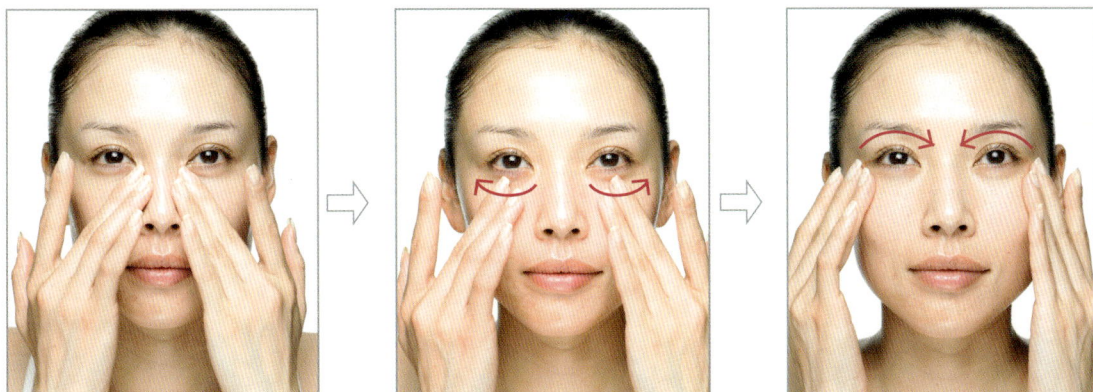

从内眼角经过眼睛下部直到眼尾移动手指，接着从眼尾经过眼睑一直向眼角移动手指。眼睛周围的肌肤娇嫩所以不能用力过大。同时，调理鼻翼周围的肌肤。

7 整个面部

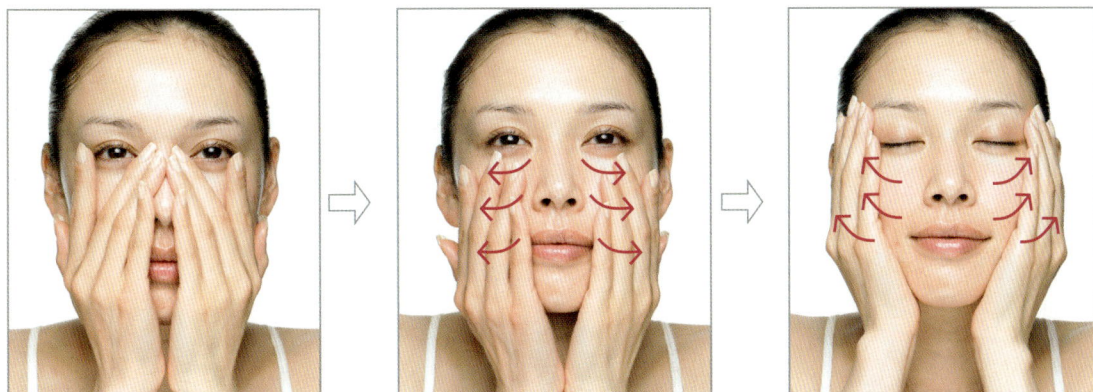

用整个手掌包住面部，双手中指在内眼角相触并包裹住嘴角，从鼻翼开始，经过颧骨向太阳穴移动手掌。

最后，按照步骤1~7再按摩 2 遍

隔离霜按摩

按摩方法和乳霜按摩方法一样，只是把颈部按摩除去

用乳霜按摩后的肌肤，涂上隔离霜可以改善肤色，增加皮肤质感。星级美妆术最忌讳涂上厚重的粉底，隔离霜的使用可以把粉底的量降到最低。

隔离霜的量如下图所示
取比红豆稍大的量放在指尖，双手调匀，体温可以促进其被肌肤吸收。

1 整个前额

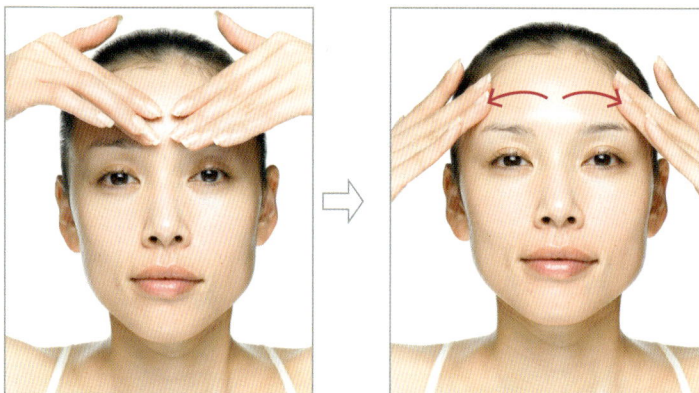

2 从眼睛下部到太阳穴

隔离霜系列产品

使用的化妆品

完美/花王隔离霜
膏状的隔离霜有助于肌肤很好地吸收，可以充分改善肌肤暗沉。

KANEBO隔离霜
高度保湿系列，能够瞬间吸收，充分滋润皮肤，使皮肤光彩照人。

3 从颧骨到太阳穴

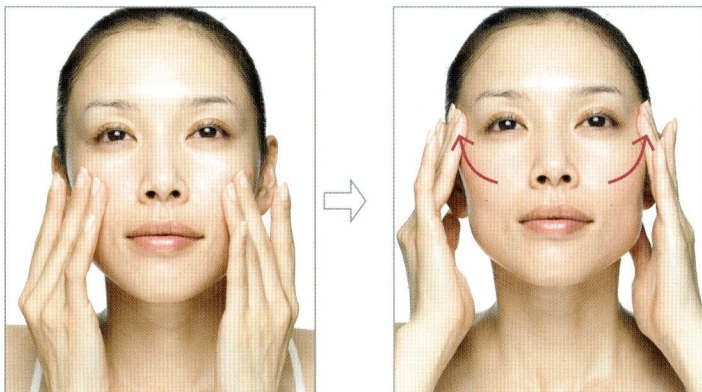

4 从下颌到太阳穴

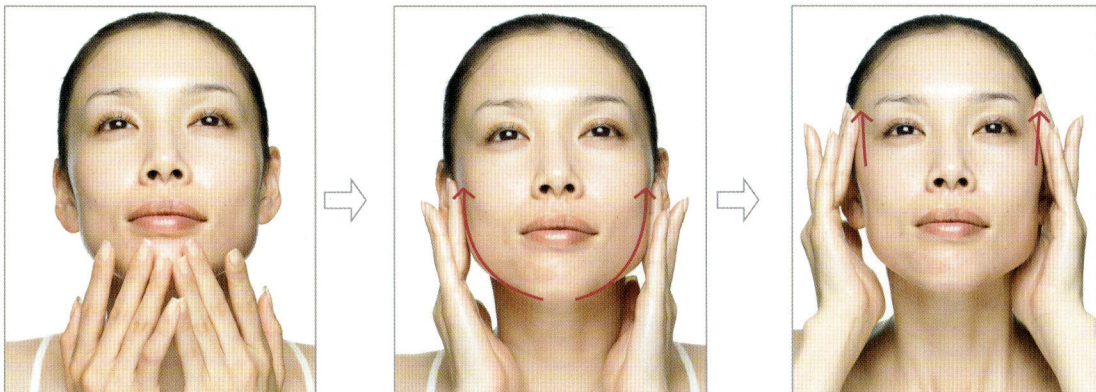

PAUL & JOE BEAUTE 隔离霜
给你珍珠般顺滑的感觉，特殊配方对肌肤没有
任何伤害。

LISSAGE隔离霜
本品专为打底妆时按摩而特别研制，能够激活
老化细胞并且有助于提高粉底液的效果。

6 眼部周围

7 整个面部

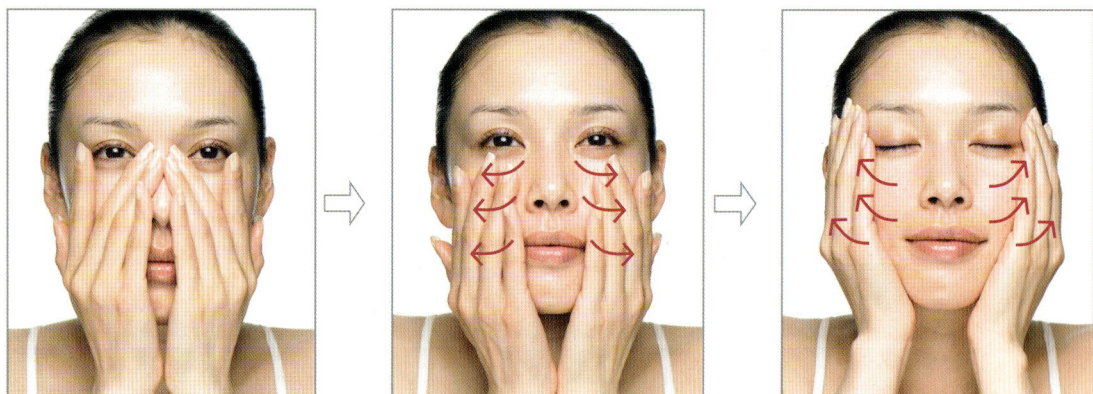

⇨ 最后，按照步骤 1~7 再按摩 **2** 遍

粉底液按摩

获得肤色均匀、细腻优质的肌肤

选择遮瑕度好，能够均匀涂于面部，令您获得陶瓷一般质感的粉底液，切记不要涂得过于厚重。另外，注意涂得要紧密，不要有漏涂的细小部位。

粉底液的量如下图所示

取1枚硬币大小的量，用手掌搓匀，以自然体温加热粉底液使其易于被肌肤吸收。

1 整个前额

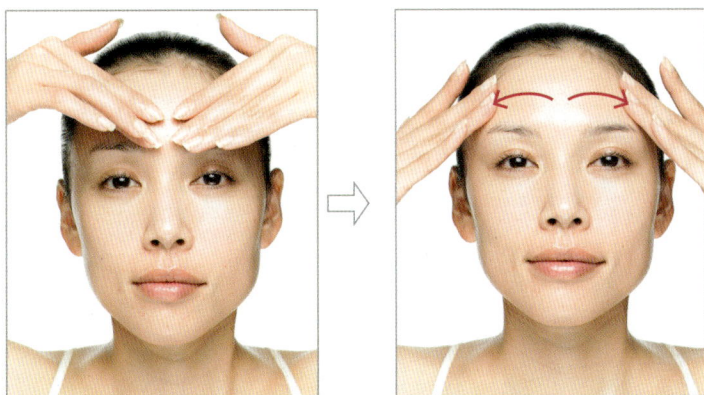

2 从眼睛下部到太阳穴

粉底液系列产品

使用的化妆品

花王粉底液
含有乳霜效果，能有效改善肌肤的凹凸不平，打造出令您满意的柔顺效果。

COSMETICS精华粉底液
改善肌肤质感，易于肌肤吸收。

3 从颧骨到太阳穴

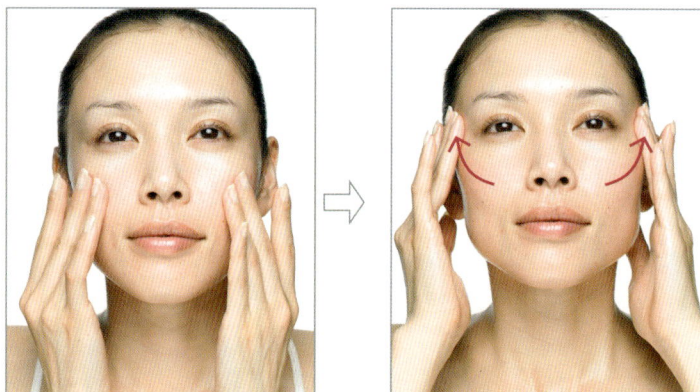

4 从下颌到太阳穴

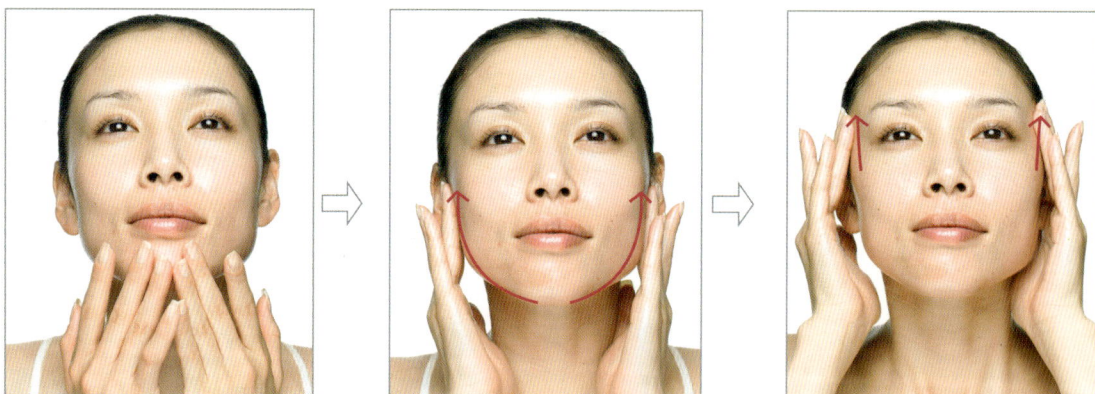

粉底液系列产品

ESSENCE Faceup粉底液
与LISSAGE隔离霜一起使用，可以增加肌肤的
光泽度，不易脱妆。

资生堂粉底液
具备与资生堂国际美容乳液相似的质感，涂少
量于肌肤可以有效改善肌肤品质。

6 眼部周围

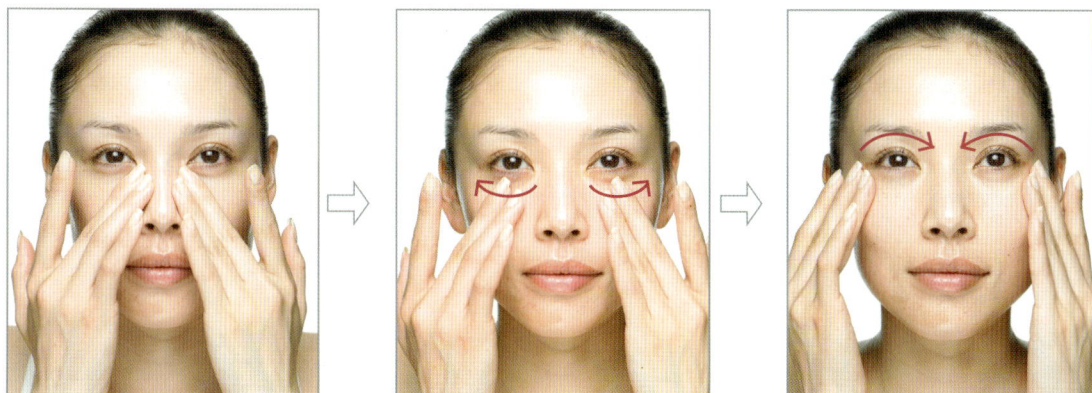

7 整个面部

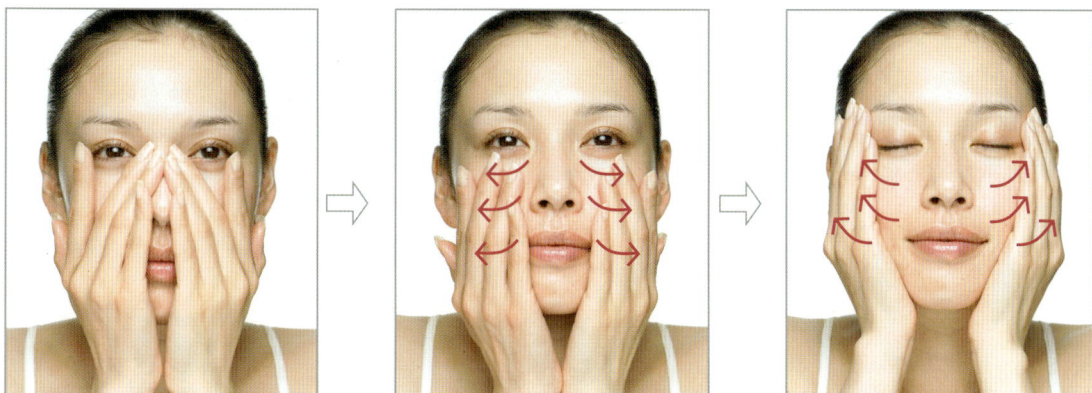

最后，按照步骤1~7再按摩 **2** 遍

底妆的润色

遮盖瑕疵部分，使肌肤充满光泽

为了使粉底液能够均匀地涂于面部，用粉扑轻轻拍打。遮瑕膏可以有效遮盖面部瑕疵，再涂上可使面部看起来变小的侧影、增强面部立体感的腮红和局部高光，一个完美的底妆就完成了。

8　用粉扑润色面部　拍打面部，增强肌肤的紧致感

用整个粉扑仔细地拍打面部。

把粉扑折成三角形，鼻梁周围的粉底拍均匀。

接着，拍匀眼睛周围的粉底。

最后，用粉扑轻轻地将嘴角的粉底拍均匀。

9 遮瑕膏 涂少量遮瑕膏修整妆效

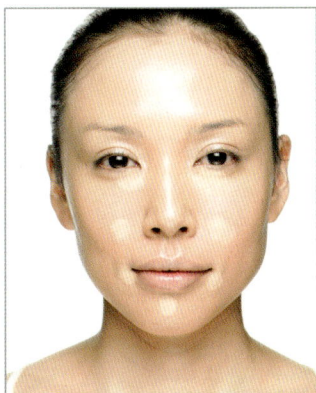

眼睛下方、法令纹、嘴角两侧、下颌凹陷处涂少量遮瑕膏。

用指肚轻松涂匀。

粉扑和遮瑕膏系产品

使用的化妆品

SHANTI CHANTILLY系列粉扑
黑田先生非常喜欢使用的一款产品，大小用着很顺手，对折之后对细小部位的修饰也很好。

使用的化妆品

LISSAGE遮瑕膏
与肌肤新陈代谢节奏相稳合，不容易脱妆。UV效果十分显著。

M.A.C遮瑕膏
强大的遮瑕功能，共有8种颜色可供选择。

SONIA RYKIEL遮瑕膏
遮瑕时间长，效果显著，共有5种颜色可供选择。

10 蜜粉 使用蜜粉，能够长久不脱妆

首先准备2个粉扑，在其中一片上涂上少量蜜粉。

把两个粉扑相互挤压将蜜粉打匀，用相同的力度同时按压在脸颊两侧。

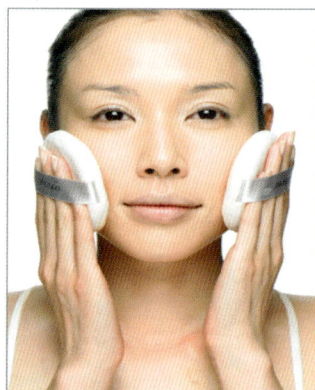

脸颊、眼睛周围、额头、下颌、鼻梁、嘴唇和鼻子下方都要上粉。

11 侧影 加入阴影，拉紧面部线条，变身小脸美人

用毛刷取适量侧影粉从颧骨下方向外侧刷。

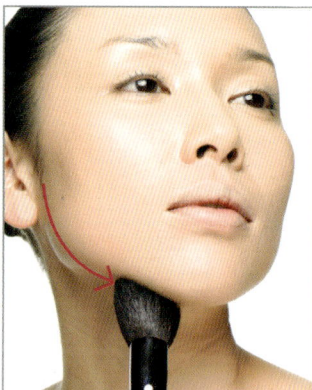

向外侧刷2次之后，再沿脸部轮廓向下刷到下颌。

12 腮红 使面部红润有血色

用毛刷取足够的腮红在手背上调好适当的位置，然后对着镜子微笑。

从颧骨最高处向脸颊外侧移动毛刷，一次，两次。

蜜粉和侧影系列产品

使用的化妆品

资生堂粉扑（纯棉）
纯棉制品非常亲和肌肤，每次使用都能令人心情愉悦。大号粉扑也可以缩短上妆时间。

使用的化妆品

MAX公司黑田定制半透明蜜粉
独特的技术配方对肌肤问题有着非常好的遮盖效果。

AWAKE AQUATRANS系列蜜粉（带粉扑）
打造如玻璃一般顺滑的肌肤，共有5种颜色可供选择，用氨基酸合成。

兰蔻LOOSE系列01号蜜粉
质地轻柔顺滑，不会给肌肤造成任何负担。可以更持久地提高肌肤的透明感。

使用的化妆品

SHANTI CHANTILLY系列两用刷
眼影和腮红均可用的大号毛刷，对肌肤亲和无伤害。

使用的化妆品

LISSAGE侧影BE-1
能够增强面部立体感的侧影，共有4种颜色可供选择，可以给肌肤自然的感觉。

COSME DECORTE MAGIE DECO系列眼影肌肤色-OR200
本品属于亮色系，可多涂几层增加浓度，刷子为100%纯毛质地，对肌肤亲的无伤害。

KANEBO 高光粉
含有4种颜色，满足细节要求。

13 高光粉 集中光线，突出局部立体感

用毛刷取足够的高光粉在手背上调试均匀。

在下眼睑处左右刷动，共3次。

在上眼睑处，从内眼角开始左右刷动，共3次。

刷完双眼之后，最后刷鼻梁。

14 底妆完成

完美的遮瑕效果，打造高贵华丽的肌肤质感。

腮红和高光粉系列产品

使用的化妆品

SHANTI腮红刷
纯毛质地，对肌肤亲和无伤害。因为刷柄底部为粉红色设计，所以受到广泛欢迎。

使用的化妆品

RMK 腮红
非常适合东方人的橘红色，使用时爽滑的感觉让人心情愉悦。

香奈儿 10号腮红
和绒毛一样纹理的多重颜色，有着独特的韵味，使面颊透亮迷人。

花王腮红
一盒有3种颜色，个人可以根据面部轮廓的不同涂在不同的部位，还有玫瑰粉色、桃红色等4种颜色。

使用的化妆品

COSME DECORATE MAGIEDECO系列001侧影
颜色融入肌肤起到高光的作用，打造有立体感的妆效。

LISSAGE LINEUP L-VEIL 系列高光
含有4种颜色，甚至包括了白色，宛如聚光灯照在脸上一样。

M.A.C SMALL EYE 系列眼影
加入珍珠粉的白色眼影，可以涂完高光之后再少量使用，享受这款眼影带来的与众不同的质感。

BOURJOI SOMBRE STRETCH 2号 侧影
质地柔软、延展性好，紧致覆盖在肌肤上可以使高光保持得更持久。

集中光线，突出局部立体感

星级美妆术的局部妆

拉伸脸部线条，凸显面部轮廓，瞬间产生巨大变化！

星级美妆术的关键是"局部着力以激活肌肤"。尤其是以日渐松弛的眼角为重点，突出眼睛的魅力，不管是什么年纪的人都能变得像明星一样年轻有活力。黑田美妆术的关键在于：

1. 画三重眼线，拉紧眼睛周围的轮廓。

2. 睫毛膏要一下一下地涂，提升上眼睑。

3. 眼影要是3种色彩的重叠。但是，任何一层眼影都不是随便涂上就可以的，要涂得非常自然。

用眼妆提升整个妆容

黑田化妆术中眼部的化妆流程

一般化妆的步骤都是从眼线开始的，黑田化妆术也不例外。先把整个眼睛周围涂上浅色系眼影，然后画眼线，最后再在紧靠睫毛处涂上深色眼影。这样，眼影的立体感和眼线自然地融为一体，眼睛凸显立体感和深邃感。

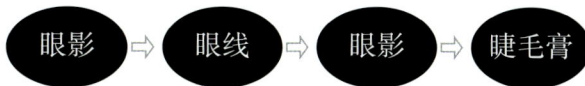

眼影 ⇒ 眼线 ⇒ 眼影 ⇒ 睫毛膏

眼影　整个上、下眼睑涂上眼影　把棕色系眼影浓淡有致地涂于眼睑处，凸显优雅亲切的眼神

1 在整个上眼睑涂一层明亮的底色

首先用1cm的平毛刷在整个上眼睑处涂一层亮色眼影，为确保着色效果，毛刷要在整个眼睑上均匀移动。这样才能更完美地映衬下一步涂上的眼影。

2 在上眼皮涂一层深度适中的眼影

用稍微细小的7mm左右的平毛刷在上眼皮涂一层颜色适中的眼影，先从内眼角到眼尾再从眼尾到内眼角，反复一次。在这一步，眼睛的立体感会显现出来。

3 在下眼睑1/3处涂上深度适中的眼影

用5mm左右的平毛刷，把第2步中用的眼影涂于下眼睑的大约1/3处。这样眼睛下方会嵌入阴影，给人留下深刻印象。

星级美妆术系列产品　自然漂亮的棕色系眼影

使用的化妆品

KANEBO Twany系列01
在较大的范围内使用棕色系眼影，可以使眼神更显深邃。

COMETICS SATSHE眼影SS-1
含有4种颜色，能够表现出成熟女性的富有气质感的双眸。

LISSAGE NUANCE-FIT-EYES BE-2 系列眼影
充满自然气息的眼影，可根据自己的喜好设定颜色的浓淡程度。共有4种颜色。

毛刷3
（眼影用扁平笔L）
选择大号的毛刷可以一口气在整个眼睑涂上眼影。用柔软的黄鼬毛制成。

毛刷4
（眼影用扁平笔M）
用于眼影过度色的毛刷，大小适中，利于眼影均衡感的调节。同样用黄鼬毛制成。

SHANTI CHANTILLY (SMALL)
柔软的肌肤触感，能够在细小的部位画出令人满意的效果。价钱也非常合适。

用三重眼线突出眼部轮廓

4 在睫毛内侧涂上眼线

眼线是使眼睛大而有神的关键，用柔软的眼线笔仔细地在睫毛内侧涂上眼线。用手轻轻提起上眼睑，从眼尾向中间涂抹，之后再从内眼角开始向中间涂抹，两线在中间重合。

5 在睫毛上方沿着睫毛画一条较粗的眼线

接下来，在睫毛上方画一条较粗的眼线。同样是从眼尾到中央，再从内眼角到中央涂抹，两线在中间重合。为了保证着色效果，要仔细均匀地涂抹。

6 在睫毛的缝隙中涂上眼线

现在看上去眼线似乎已经画好了，其实还需要把睫毛的缝隙涂满。这个部位因非常纤细敏感而容易紧张，所以要轻轻地向上提拉眼睑，用尽量小的力度涂抹。

用眼影突出眼部轮廓

在突出眼部轮廓的同时，也使眼线和眼影自然地融为一体

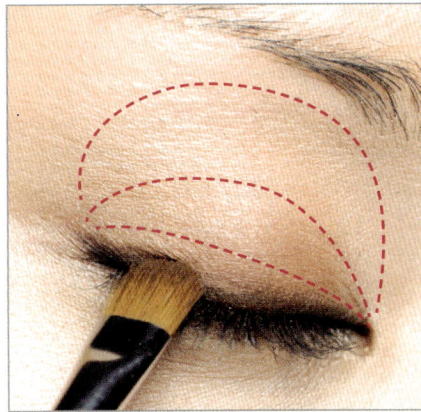

7 将深色眼影涂在眼线上，使眼线被眼影自然晕染

用细头扁平毛刷在眼线上加一层深色眼影。先将眼影在手背上调试均匀，然后涂在眼线上使其淡淡的隐去又稍微的晕染开。所涂部位如右图所示。

星级美妆术系列产品　用眼线笔画出软滑眼线

使用的化妆品

COSME DECORATE MAGIEDECO BK001
眼线笔
能够画出柔软的眼线，有黑色和棕色2种颜色。

SUQQU眼线笔
有棕色和黑色2种颜色，能够画出不晕染的纤细的眼线。

ALBION EXSURGE眼线笔
可以画出柔软的眼线，颜色浓淡容易掌控，有白色、紫色等5种颜色。

Dior Crayon系列
笔尖柔软，适合初学者，带有晕染棉球。

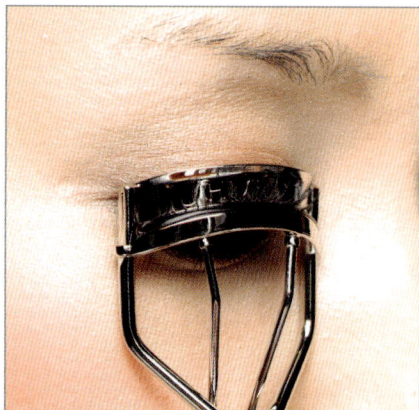

8 用睫毛夹分别在睫毛的根部、中间、尖端加紧睫毛

首先用睫毛夹使睫毛上翘。先从睫毛根部开始，然后是中部、尖端依次加紧睫毛，力度逐渐减弱。这样睫毛会自然向上卷翘。

9 用睫毛增长纤维纵向涂抹延长睫毛

睫毛增长纤维是星级美妆术中不可缺少的工具，纵向移动毛刷，把纤维均匀地涂抹在睫毛上。注意不要过量涂抹。

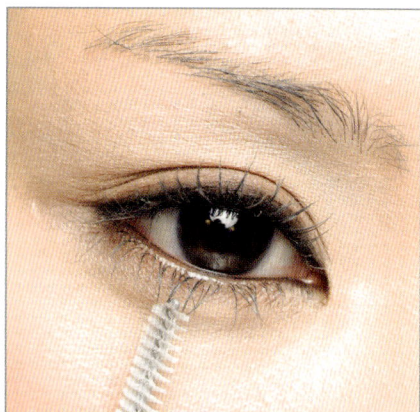

10 把少量的睫毛纤维涂抹在下睫毛上

下睫毛同样需要涂抹睫毛增长纤维，这次只需要少量涂抹就可以了。注意确保纤维是均匀地涂抹在睫毛上。

11 睫毛刷纵向移动，尽量涂匀每根睫毛

拿稳睫毛刷，从毛刷的前端纵向移动，有意识的将睫毛从根部到尖端一根一根分开，均匀地涂上睫毛膏。

12 下睫毛的涂抹方法同上

上睫毛涂完之后再认真地涂抹下睫毛，同样是纵向移动毛刷。如果睫毛膏没有涂好，就很可能成为整个彩妆的败笔，所以一定要仔细地一根一根地涂抹。

13 用睫毛梳把睫毛整理好

最后是用睫毛梳把睫毛整理好。作为最后的润色，要有意识地将上、下睫毛一根一根分开。

星级美妆术系列产品

使用的化妆品
资生堂 EYELASH CURLER 睫毛夹
在涂睫毛膏之前一定要用睫毛夹，专业化妆师都有很多型号的睫毛夹。这款适合东方人手感，非常易于使用。

使用的化妆品
LISSAGE LONG CURL 睫毛增长纤维
半透明色，在涂睫毛膏之前将睫毛卷曲，使睫毛膏保持的时间更加长久。

COSMETICS POWERRUSH 睫毛增长纤维
由纤细的纤维组成，与睫毛的附着度高，能够使睫毛上翘。

LISSAGE睫毛膏
螺旋形刷头设计，能够将睫毛的短小处也照顾得细致入微。

资生堂MASACOLORS
纤细的纤维能够牢牢地附着在睫毛上。

兰蔻AMPLICILS 01
使睫毛一根一根地展开，提高眼部立体感。本款是兰蔻的得意之作，特殊的设计使毛刷用起来也非常舒服。

使用的化妆品
资生堂MASA COLORS 睫毛梳
这款是资生堂专业人士限定版产品
将涂上睫毛膏的睫毛进一步一根一根分开。
本人的私人物品。

DEORSHOW 099
大号毛刷使涂抹更加有力，关键是要细心。

完美的眉形提升眼妆的整体效果

黑田化妆术中眉毛的化妆流程

在这一步我们将完成整个眼妆。用眉笔仔细勾勒出眉形，突出眉毛的结构美，但是不要使眉毛过于凸显。最好选择亮色系的褐色，涂完后再用蜜粉稍做修饰。充满生命力的眉妆就完成了。

眉笔 ⇨ 眉粉 ⇨ 眉刷

眉笔　用眉笔勾勒出眉形

完美的眉形是提升眼妆效果不容忽视的重要部分

1 从眉头部分开始画上眉线

首先，用眉笔勾出下眉线，从眉头部分开始，一直延伸到眉梢。把眉梢的高度调整到与鼻梁平齐。

2 勾出上眉线，再把中间的部分填满

接着勾出上眉线。从眉头开始画起，上、下眉线的眉峰位置要一致，上、下眼线在眉梢处重合。眉形的整体轮廓完成后，用眉笔将中间部位涂满。

星级美妆术系列产品

眉笔和眉粉使眉毛充满生机

使用的化妆品

STYLING BROW眉粉
2种颜色使用起来非常方便，如果重叠使用更能表现出眉毛的立体感，共有3套不同的色彩搭配。

SONIA RYKIEL COMPACT眉膏
膏状眉膏涂上后会产生与眉粉不同的效果，能够紧紧贴在眉毛上，共有4种颜色。

BOBBIBROW眉粉
微粒子的粉末可以打造完美眉形，内含独家研发的眉毛刷，可替换。共2种颜色。

使用的化妆品

MAGIEDECO眉笔
轻轻描画给人自然的印象，圆形笔芯无论线条粗细都可以得心应手。

眉粉　用眉粉修正眉毛颜色

在眉毛之间的缝隙中填满稍浓颜色的眉粉

眉粉　用毛刷做最后的修饰

用眉刷梳理眉毛的纹理使其自然伸展

3 在眉毛的缝隙中填满稍浓颜色的眉粉

用眉粉修饰眉毛以达到自然的感觉。用细头平刷蘸满深色眉粉，从眉梢处开始，填满没有眉毛的部分，然后移动到眉头。如此反复并做细微调整。

4 用眉刷轻轻梳理，使眉毛整齐自然

为了获得整体的平衡感，最后用眉刷整理眉毛纹理。注意不要因用力过度而显得眉梢处的眉毛稀少，只要梳理眉毛纹理即可。

5 眼妆完成

眉形完美的线条，与眉骨的和谐更突出了眼睛的立体感和深邃感。这是眼部星级美妆术的关键！

使用的化妆品

MASACOLORS
资生堂专业人士限定版
在涂完眉笔和眉粉之后使用，稍作整理使眉形更加完美。

LISSAGE SLIM
眉笔
笔芯直径1.5mm，画起来更加简单。含棕色系3种颜色，使你开心享受化妆的乐趣。

SONIA RYKIEL
眉笔
本品可以随体温顺利溶解，紧紧贴在眉毛上，并带有毛刷。

SUPERFINE眉笔
含有浓淡不同的两种颜色，更能表现微妙的颜色差别。

精致唇妆使整个妆容更加完美

星级美妆术中唇部的化妆流程

晦暗、干涩的嘴唇会给人苍老的感觉，因此使唇部聚集光线尤其重要，高光粉就成了星级美妆术的必需品。然后用唇线笔勾勒出唇部轮廓，涂上口红就可以了。

高光粉 ⇨ 唇膏 ⇨ 唇线笔 ⇨ 口红

高光粉 用高光粉遮住唇部阴影
使唇峰轮廓清晰

唇膏 涂上唇膏
将嘴唇调整到最佳状态

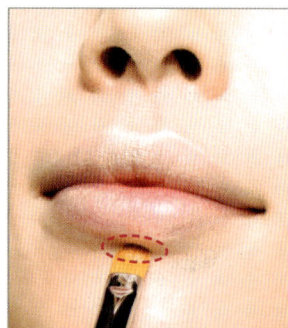

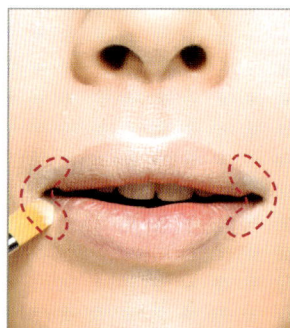

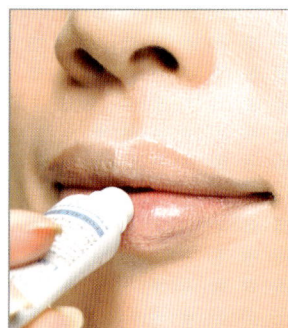

1 在唇峰处涂上白色高光粉

用细头平笔取少量高光粉，在手背上调试均匀。然后涂于唇部最高处即唇峰外侧，强调唇部的立体感。

2 在唇部正下方同样涂上高光粉

和1中一样，在唇部最下方的凹陷处涂上高光粉。

3 在嘴角两侧涂上"<"形高光粉

在嘴角两侧涂上"<"形高光粉，以突出唇部边缘的轮廓。

4 涂上唇膏改善嘴唇状态

为了把嘴唇调整到最佳状态，先在唇部涂上唇膏并促进其吸收。然后再涂口红，效果会非常好。

星级美妆术系列 高光和唇膏系列

使用的化妆品
COSMETICS AQWT001高光粉
本品加入了鲜艳明亮的珍珠粉，能够突出唇部轮廓。

COSMETICS Cream facecolorWH902高光粉
本品可以使肤色均匀，并且持续时间更长、更艳丽。

使用的化妆品
LISSAGE BEAUTYUP系列
CONCEALER用毛刷
推荐用本品仔细发将高光粉涂于唇部。

使用的化妆品
TAKAMI LIPESSENCE系列唇膏
（唇部专用美容产品）
含有滋润因子，能够保持唇部光泽和饱满度。

FAVEX LIPCREAM系列唇膏
本品是长期的畅销产品，用起来非常方便。

资生堂 BENEFIQUEL IPTREATMENT唇膏
（编辑部用）
能够改善干涩唇部，促进血液循环。

唇线笔 用唇线笔为整个唇部着色

唇线笔不仅仅用来勾画唇部轮廓，还可以将整个唇部涂满

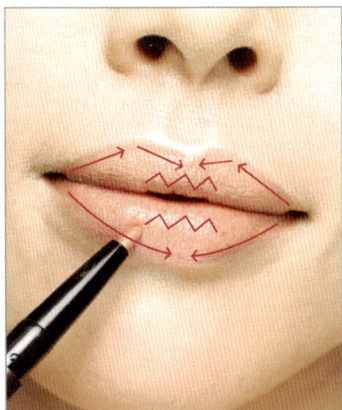

5 用唇线笔把整个唇部涂满

接下来从嘴角向内移动唇线笔为整个唇部着色。唇线笔不是用来强调唇部轮廓的，而是要将整个唇部涂满。

口红 用口红为唇部添加颜色

调整上、下嘴唇的质感，将整个唇部涂上口红

6 涂上口红调整上、下唇的质感和颜色

因为嘴唇已经着色，所以可以直接涂上口红。调整上、下嘴唇的质感和色泽，使其一致就可以了。

7 唇妆完成

上妆后的唇部显得滋润有光泽，成熟女性特有的知性美被表现得淋漓尽致。

星级美妆术系列产品

用唇笔描绘清晰唇线

使用的化妆品

KABONE化妆品 LUWASOL LINER05 唇线笔
本品能够打造自然感觉，唇笔的另一头是毛刷。

使用的化妆品

SUQQU BLEND LIPSTICK 14花嬉口红
良好的底色中夹上纤细的珍珠粉，更显唇部光泽。

伊势丹ROUGE PURSHAY 口红
给人温柔亲切的感觉，颜色众多，必有一款适合您。

PARFUME GIVENCHY LIP LINER 12唇线笔
坚硬的质感能够勾画出完美唇线，共有12种颜色，您一定能够找到适合自己唇部的颜色。

CLINIQUE HIGH IMPACTY系列口红 LIPCOLOR 02NUDEBEACH
适合成熟女性的一款产品，能够表现出女人性感的一面，顺滑的触感给人舒畅的感觉。

LISSAGE LIPBASELINER PK-1 唇线笔
透着自然的味道，突出唇部轮廓。共有3种颜色。

LISSAGE BE-1口红
高品质的明亮底色，亮丽而不张扬。

简单即效的化妆技巧

Q&A

针对如何能不脱妆、打理发型的技巧、化妆品的选择等化妆时经常会遇到的问题在这里都一一做了解答。为了使化出的妆更有技巧性，在这里给大家介绍一些简单即效的化妆技巧。

Q 不脱妆的秘诀是什么？

A 妆化得越厚越容易脱妆，所以心中一定要时刻提醒自己：尽量把妆化得淡些。因此底妆中的按摩步骤一定要认真完成，粉底的用量要少。特别是眼角，粉底打得太厚只能使缺点更加突出。

Q 疲倦有黑眼圈的时候该怎么办？

A 打底妆时的按摩步骤对消除黑眼圈有一定效果。在化妆前，用温毛巾热敷整个面部，毛巾的温度下降以后，再用冷毛巾敷脸。这样，即使很疲倦也会感觉"精神不错"，化妆的效果也会很好。

Q 出席华丽隆重的场合时，有没有简单的化妆秘诀？

A 秘诀就是给眼睛和肌肤增加些华丽的元素。比如睫毛画得更浓密些，眼线再加一种颜色等。其实只是稍作改变就能画出更具冲击力的妆容。在日常用的蜜粉中加些珍珠粉，但是不要把口红画得太浓，否则容易弄巧成拙。

Q 有什么值得推荐的做发型的技巧吗？

A 首先，使用适合自己发质的护发素，然后用洗发液洗完头发再用吹风机吹到八成干。头发会在空气中自然风干，这是适合任何场合的做法，非常重要。

Q 请问怎么修饰局部妆容？

A 用粉底液上过妆之后，再用粉饼修饰细节；用棉签把眼角处的粉底液涂匀；用干燥型睫毛夹修饰睫毛形状；用唇膏护理唇部后，再涂上自己喜欢的口红。

Q 如何把握高光粉和腮红的用量？

A 化完妆后，如果感觉自己的肌肤颜色发生了较大的变化，就说明您的妆化得太浓了。把高光粉和腮红的使用量掌握在不会使肌肤严重变色的程度。因为我们的目的不是给肌肤上色，而是为了使肌肤在没有什么太大变化的前提下，突出局部立体感。

Q 眼影和口红的颜色怎么选择？

A 眼影可以选择米色系的眼影，因为与肌肤的颜色相近，所以失败的可能性也相对较小。如果一定要推荐口红的颜色，那么就在褐色系、粉色系中选一款与自己唇色相近的颜色。当然，也可以尝试着用其他的颜色。

Q 化妆有捷径吗？

A 看书和杂志时，参考上面的化妆技巧当然是非常必要的。但是，我认为最重要的是有一颗爱自己的心。生活方式健康的人内心能散发出一种光芒，肌肤和眼睛也会充满光泽，可以感染身边的人。处理问题的时候，只要稍微改变一下对待问题的看法，事情就会变得乐观许多。

Works

Star

History   Collection

make

Private up

我想在这里讲一下我从事这个工作的契机
以及给我作品影响的一些事物，
我想把我的内心世界传达给大家。

第3章

深度探寻黑田化妆术
的秘诀

黑田启藏的化妆艺术之路

母亲开美发店等家庭背景促成了我的现在，我应该是大器晚成型，在这里我想讲一下我的艺术之路。

History

原点
Starting point

我做发型师、化妆师的契机可以说是受母亲的影响，母亲是经营美发店的。从小我便对这个行业充满了好奇心。

当时，信息不像现在这么发达，发型、化妆、时装都清楚地分开。"这样真的好吗？"在资生堂的一次讲习会中，我感觉到各领域互不相干的不妥之处。那次讲习会大概就是我走向专业水平的转折点吧。那次，会上提出了一个令人耳目一新的理念——"塑造女性的整体美"，我找到了灵感，"就是这个！"直到今天，我还清楚地记得当时的感觉。

从那之后，我奔走于各种聚会、展览会之间，我观察朋友们美发、化妆的技巧，白天还在母亲的店里工作，最后因为过度劳累而病倒了。（笑）现在想来，如果没有那段时间的磨练就没有现在的自己。

在我小学的时候，父母离婚了，是母亲把我和弟弟抚养长大的。后来我因高考失利，母亲就把美发店交给我经营，我兴奋得不得了。在我独立做化妆师之前，我和母亲共同工作了10年，实际上，母亲是反对我改行做化妆师的。"好不容易踏上了美发师这条路，继续走下去不好吗？"这是母亲的想法。自己吃了一辈子的苦，自然会担心我重新打拼太辛苦。但是，我强烈地意识到我不能仅仅做一名发型师，我要把发型、化妆和时装结合起来，表现出女性的美。我越来越投入地工作，母亲也没有办法，只能认同我，送我出门。

在和母亲一起工作的10年里，我学到了很多东西。比如接待客人的方法、专业人士工作时应有的姿态等，都让我非常受用。所以我非常感谢我的母亲，直到今天，每年的成人式来临时，我都会回老家去母亲的店里帮忙。

母亲
Mother

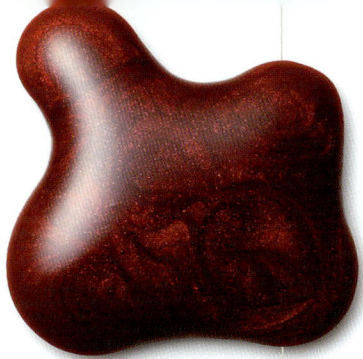

独立工作
Freelance

从母亲的美发店里独立出来，我开始从事一个自由化妆师的职业，当时我对此并没有明确的概念，只是经常觉得很害怕。

那种害怕不是一般意义上的感觉。比如说，接到工作时的责任感，为了能达到客人期望值的压力，还有想不断提高自己的自我训诫。这些感觉掺杂在一起就成了当时我心中挥之不去的恐惧。所以，当自己的作品取得意想不到的反响时，我就感叹这都得益于自己一向对工作的谨慎。严于律己的感觉是什么样的？一方面觉得这样做很难得，另一方面，不这样做也是不行的。

平时，我一直怀着感恩的心去工作，这大概是因为我经历过很多磨练才成功的缘故吧。如果我从小到大都走得非常顺利，很早就独立的话，那我现在可能会不可一世。而我因为有在母亲美发店工作的经历，所以心里一直告诫自己："不能骄傲，要满怀一颗感恩的心。"

加入事务所
Belonging to Three Peace

值得庆幸的是，从事自由职业者多年后，工作渐渐地变多了。但是因为自己无法一个人统筹处理这些繁多的工作，所以加入了事务所。所有的事情都可以交给经纪人，自己也能够专心工作了。

后来，我转到了Three Peace事务所，在事务所认识了很多化妆师，和他们互相交流经验，工作上互相帮助，效率提高了很多。

另一方面，为一流的女演员、女艺人化妆的机会也随之增多了，每天都能学到新的东西。特别是为滨崎步小姐化妆的那几年，我作为化妆师，在业界的影响力得到了很大提升。

今后
To the future

经过多年的努力，成为化妆师的梦想已经实现了，这是我现在最幸福、最欣慰的事情。因为我热爱这份工作，永远对化妆满怀好奇心，可以被大家喜爱，（笑）很愿意将这份工作一直继续下去。

在这个行业，人通常容易变得偏执刻薄，我常常告诫自己这样是不行的，如果不适时征询其他人的意见，自己就不会再有提高。

不管是做什么工作，团队成员一起微笑着快乐工作，最后用"太好了！大家辛苦了！"结束一天的忙碌，是最棒的事情。我非常喜欢这种氛围。为此，我想怀着一颗谦虚的心继续工作下去。

从许多女性杂志上感受黑田作品的魅力

Works

以美容杂志为代表，我从各类女性杂志中精选了一些自己满意的作品介绍给大家。现在回想起来，这些得到大家广泛好评的作品都离不开化妆现场工作人员的鼎力协助，是大家一起努力的成果。

用米色作为基调，用淡绿色渲染氛围，给人品位不凡、气质脱俗的感觉。我希望这款彩妆能让人联想起新娘的纯洁和优雅。
●MAKIA 集英社 2007年3月号
摄影：资人导　模特：田中玛雅

没有过分的修饰，着重发挥了模特本身的气质。整个妆容都很自然，不过，睫毛和底妆形成了叠加的效果，表现出立体感和华丽感。
●MAKIA 集英社 2008年5月号
摄影：富田真光　模特：桥本丽香

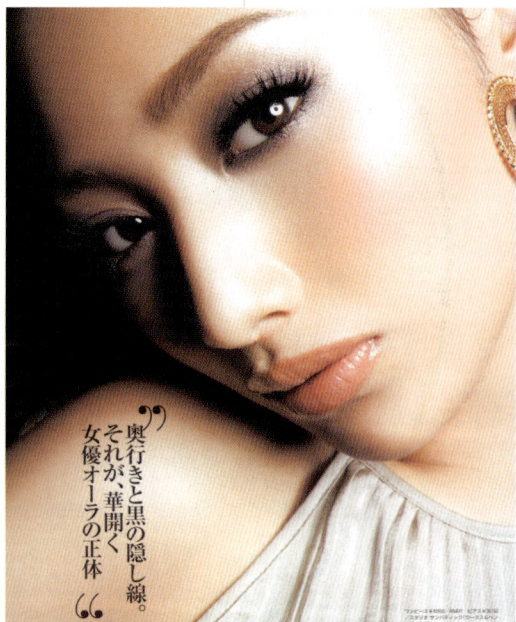

想用"女优气质"作为主题，把所有视线都集中在眼部是这个作品的特点。乍一看，觉得几乎没有用什么色彩，其实是非常仔细地用色彩重叠渲染，制造出层次感。
●MAKIA 集英社 2007年8月号
摄影：资人导　模特：岛村麻弥

feline 追う
フェリン女

スモーキーな目もとが放つ、
植物を怒わせる美人オーラ

为了使眼部的轮廓清晰，我扩大了眼睛的范围，使整个面部变得更加吸引人。眼睛放大使脸型显得更小。这个作品使模特显得风情万种。

AR（主妇和生活社）2007年11月号
摄影：高桥hideki　模特：比留川游

追われる *bambi*
バンビ女

光とピンクが溶け合う
天使のような甘いまなざし

以"班比小鹿"为主题，为了找到小动物的感觉，把眼角润色得异常圆润。眼睛又大又圆，给人纯真的感觉，即使是女性也会感叹：好可爱呀！这个作品用了能够削弱性感、突出可爱感的白色和粉红色。

AR（主妇和生活社）　2007年11月号
摄影：高桥hideki　模特:岸本塞西露

美人メイクの巨匠
黒田啓蔵さん発
劇的美女アイ

仿佛能闻到一股体香，性感迷人。这个作品的关键在于眉毛。特意把眉形化得很粗，强调出眉骨。相反，嘴唇化得非常自然，这样更显性感气质。

GULAMARASU（讲谈社）2007年3月号
摄影：资人导　模特：大屋夏南

黒田啓蔵が考える
イノセント
若顔

以"天真无邪"为主题，在底妆中用了非常少的粉底。粉底的用量可以显现出面部的年龄。这个作品最重要的是眼角加黑，突出了眼睛。

AR（主妇和生活社）　2007年1月号
摄影：前川纯一　模特：TINA

生活中给予黑田灵感的事

接下来，我给大家简单介绍一下我的私人生活，给我作品带来较大影响的人和事以及每天都比较注意的事情。

喜欢做的事
My favorite

Private 2

给我的作品带来深远影响的是Marais Stephane和Kewn aucion，他们二人都是世界知名化妆师。

看了他们的作品总会得到些灵感。而且他们两人都有独特的女性魅力，这也是我被吸引的原因之一吧。

若说我喜欢的事，那一定是去吃大餐和去喝酒啦！

闲暇之余，我们喜欢一起去吃饭、喝酒。不可思议的是，不管喝多少，第二天他们都没事。（笑）我们大多是喝日本的清酒。和事务所的同事一起去吃饭、喝酒，还有关系比较好的女艺人也经常一起去。

Private

非常注意的事情
Valuable things

Private 1

在精神方面，我时刻告诫自己不能忘记"感恩的心"和"诚实的心"。

然后就是身体的健康。对于化妆师来说，身体是工作的资本，所以我不管多么忙，我都坚持每天吃早餐。如果不这样，身体和头脑都不能保持灵敏的状态。

早晨，将前一天晚上切成小块的蔬菜、水果放入搅拌机中搅成泥吃下去。另外如果有时间我一定会去健身房。

不让自己积攒过多的压力也是保持身体健康最重要的一点。我非常注意使自己的身心都处在良好的状态下。

具体的方法因人而异，对我而言的好方法就是把屋子收拾得非常干净，使房间充满让人身心舒畅的香气。

最近关注的事情
Attention

Private 3

目前，我最想做的事情是搬家。虽然我依然很喜欢自己住的地方，但感觉越来越狭小。如果我的房子很宽敞，有一间独立盛放化妆用的假发、饰品的工作室就完美了。由于在同一小区没有找到合适的房子，所以眼下很烦恼。不过，欲速则不达，就从收拾房间开始吧。最近，在仔细地收拾房间。

我已经7年没有冲浪了。开美发店的时候，受弟弟的影响，经常去海边玩，现在已经很久没有运动过了。

因为怕手受伤，所以就不再冲浪了，但是我有一种预感，觉得很快就要重新开始这项运动了。

Private 4 香气
Fragrance

对人的5种感觉影响最大的是香气。虽然我在工作的时候是不用香水的，但是我会在化妆室点一支薰香或者喷一些清香剂。包括工作中使用的毛巾，也要喷上带有喜欢的香味的柔软剂。

在家里，我也经常用些精油，我偏爱一款产于澳大利亚的产品，虽然它的设计主旨乍一看不大理解，但是还是很适合我家的内饰。（笑）

我喜欢以茶树香为基调，混合着橘子香和伊朗树香的香水，它给人温和而甘甜的华丽感。在工作前闻一下香气，顿时会精神抖擞。由于神经的紧张程度会真实地反映在作品上，所以，我非常注意香气的使用。

Private 5 旅行
Travel

今年春天，我只有3天假期，于是一个人去了大西洋的古拉穆岛。很久没有休过春假了，所以决定去旅行。我特别喜欢按照自己的节奏做事，尤其喜欢一个人去旅行。在古拉穆岛的早晨，服务员打扫卫生的时候，我在阳台上吃早饭，中午的时候一个人在海边悠闲地度过。晚上独自去酒吧放松一下，然后早些睡觉，第二天早上自然很早起床，是非常放松的一次旅行。

由于工作的原因，我常常不能休假，在日本的时候很少能休息，所以偶尔出去旅游放松一下感觉很好。

我喜欢纽约、巴黎的街道和城市。有大海的地方尤其喜欢。不管去了哪个城市，我都喜欢早晨。空气很清新，周围的一切都是新的，崭新的一天要开始了，新生力量洋溢在空气中。

Private 6 自然
Nature

小时候，母亲常带我回老家新潟的农舍，因此我从小就对大自然中的山和海有着深厚的感情。

我对野菜非常了解，山涧的水流哪些能喝我也能分得出来。（笑）

自然界中，事物的存在自有其存在的价值，它们不是被制造出来的，而是纯天然的。动物也好，植物也好，只要存在就是一种美。我觉得它们就是美的原点，没有哪种人造的美能胜过自然美。

对人的身体而言，吃天然食品远比吃药好，天然食品对人的身体非常有好处。

现在，我几乎没时间接触自然，真的很遗憾。但是，人类的美也是自然的一部分。我常常提醒自己不能忘记自然的伟大。

私家用品的选择 Collection

在这里将自己的私人用品大公开，从衣服到手表、饰品。还有工作前营造气氛的小东西，我对这些东西还是很挑剔的。

Collection 1
衬衣
Shirts

虽然平时也穿针织衫，但是，工作的时候，我大多是穿衬衣的，主要是蓝色和粉色，但是绝对不穿花色的，因为不适合我穿。（笑）其中D&G品牌的衣服最多，每次我都按季节出去买衣服，买前一定要试穿。1和2是D&G的衬衣，3是DIESEL的针织衫，4是拉尔夫劳伦的休闲衬衣。

Collection 2
香水
Fragrance

虽然工作的时候我不喷香水，但是晚上外出吃饭、出去旅游的时候会少量喷一些。1是伊势丹的香水，主要是自己用，是清爽的柑橘味。2是在巴黎买的YSL的香水，很清爽的幽香，用在工作室里，能帮我赶走疲惫、恢复精神。

1

2

1

2

3

4

Collection 3
小物品
Goods

我非常喜欢CD、画、有趣的文具等小玩意，这些东西多是我利用工作机会去巴黎的时候买的。1是装饰在自己家里的一幅画，出自宫泽理惠之手。2是夏威夷风的CD，这盘CD我极力推荐给大家，非常利于放松。大家肯定以为3是巧克力，但实际上是个计算器，它能散发出巧克力的芳香。

1

2

3

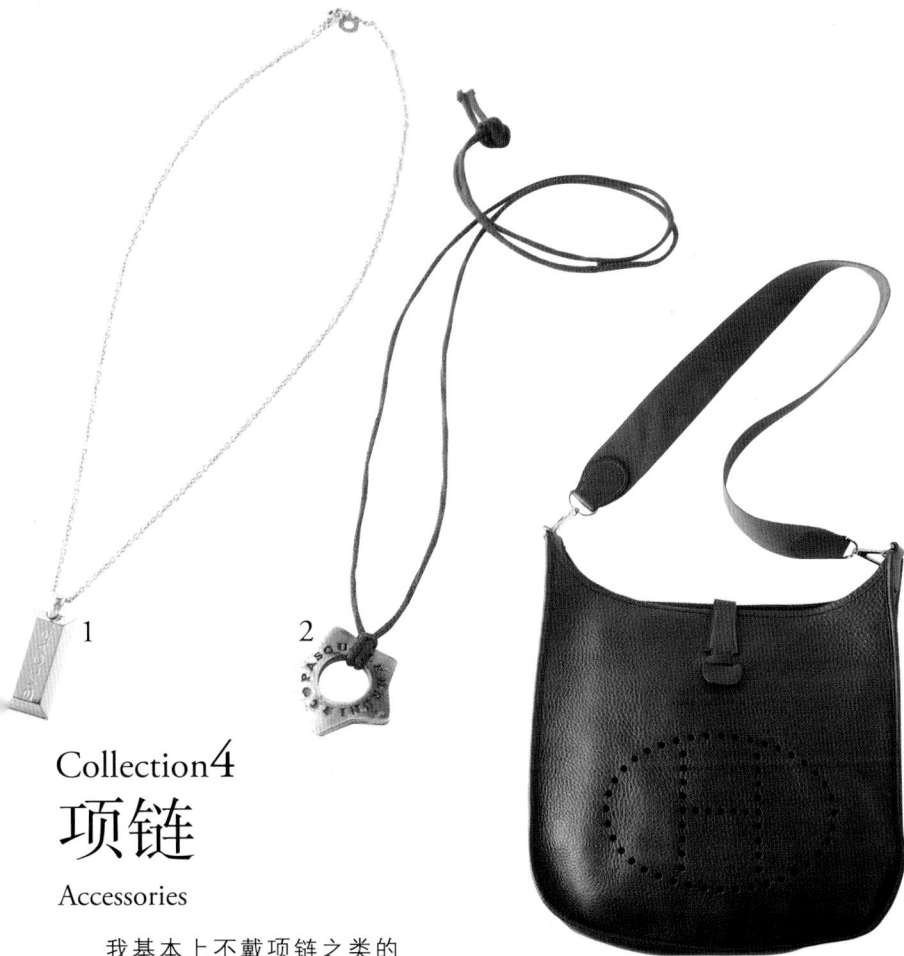

Collection 4
项链
Accessories

　　我基本上不戴项链之类的饰品，但是有两条项链我非常珍惜。在一些私人场合，特别是自己想转变一下心情的时候，我偶尔会戴一下。1是滨崎步小姐送的礼物，BLUGALI的项链。2是我自己买的Ponte Vecchio的项链。

Collection 5
包
Bag

　　因工作去海边买的包占多数。照片中的这个包是在捷克爱鲁摩斯买的，给我一种很怀旧的感觉。因为是容易搭配衣服的黑色，所以就把它买回来了。另外，我还喜欢CUCCI、路易斯威登、YSL等品牌。顺便说一下，因为路易斯威登的旅行箱非常适合当做化妆的工具箱，所以我一直都很喜欢。其实，喜欢这些品牌并不是因为它们是名牌，而是它们的设计都非常有自己坚定不移的风格，让我有一种安全感。

Collection 6
手表
Watch

　　小玩意中，我唯一收集的就是手表，买的时候多是一时的冲动，其中也有朋友送的。比起皮革链的手表，我更喜欢金属质地的。我非常喜欢BLUGALI、CARTIER等设计简练的品牌。图中1是BLUGALI，2和3是CARTIER品牌的。

后记
Epilogue

这本书是我出的第二本书，并附有DVD演示。

这次出书和我以往的工作不大一样，是另外一层意义上的挑战。同时也是一个

很好的契机，让我可以体会另外一种快乐。

不管是在DVD中还是在书中，都讲得很具体，对每一个细小的步骤都作了介绍。

希望能够易于大家阅读，然后融汇贯通。

我从千篇一律的化妆技巧中提炼出几点关键步骤，

相信会对大家有所帮助。

我对工作充满了兴趣，

对我而言，在工作中能遇到新的人和事，

是对我的创作非常好的刺激，

所以对于我每天遇到的新鲜事物，

我都心存感激。

而本次出书也是一种"新事物的尝试"，

所以我发自内心地感到高兴。

在这里，

向所有给过我帮助的各行各业的专业人士

表示我由衷的感谢！

TITLE：［黒田啓蔵よみがえりメイクDVD　BOOK］

BY：［黒田啓蔵］

Copyright © Keizo Kuroda, 2008

Original Japanese language edition published by SHUFU TO SEIKATSUSHA CO.,LTD.

All rights reserved. No part of this book may be reproduced in any form without the written permission of the publisher.

Chinese translation rights arranged with SHUFU TO SEIKATSUSHA CO.,LTD.,Tokyo through Nippon Shuppan Hanbai Inc.

图书在版编目（CIP）数据

日本顶级化妆师黑田启藏的星级美妆术/（日）黑田启藏著；卞磊译.—沈阳：辽宁科学技术出版社，2010.8

ISBN 978-7-5381-6497-8

Ⅰ.①日…　Ⅱ.①黑…②卞…　Ⅲ.①化妆-基本知识　Ⅳ.①TS974.1

中国版本图书馆CIP数据核字（2010）第101531号

策划制作：北京书锦缘咨询有限公司(www.booklink.com.cn)
总 策 划：陈　庆
策　　划：李　杨
装帧设计：周　军

出版发行：辽宁科学技术出版社
　　　　　（地址：沈阳市和平区十一纬路29号　邮编：110003）
印 刷 者：北京天成印务有限责任公司
经 销 者：各地新华书店
幅面尺寸：185mm×260mm
印　张：4.5
字　数：22千字
出版时间：2010年8月第1版
印刷时间：2010年8月第1次印刷
责任编辑：谨　严
责任校对：合　力

书　　号：ISBN 978-7-5381-6497-8
定　　价：32.00元
联系电话：024-23284376
邮购热线：024-23284502
E-mail：lnkjc@126.com
http://www.lnkj.com.cn
本书网址：www.lnkj.cn/uri.sh/6497